我的家在中國・民族之旅 ⑥

時光火車上的民族盛典 | 民族節日

檀傳寶◎主編　班建武◎編著

中華教育

聽說水族小朋友的新年有 49 天，
真的好羨慕呀！讓我們一起來坐上時光
火車，去感受一下各個民族的節日盛典
吧！

火把節

潑水節

上刀山

長衫寧

第一個

新年之最

▼「淋雨」最多的新年

　　新年，就是新的一年的第一天。一般而言，日曆本上的第一天即公曆1月1日——元旦就是新年了。

　　我們中國也慶祝元旦，但是，我國不同的民族，還採用不同的曆法（不同的計算時間的方法）確定自己的新年。曆法不同，新年的日期就不同。例如，漢族在農曆正月初一過春節，水族按水曆過年，藏族有藏曆新年。我們如果想要去體驗各個民族朋友的新年，就一定要先去了解他們的曆法，然後換算成我們所熟悉的公曆日期。像傣族、德昂族、阿昌族等民族的「潑水節」一般在公曆4月，哈薩克族的新年一般在公曆3月21日。

　　除了日期不一樣，各個民族的新年還有很多特別之處。讓我們一起來看看民族新年中的「健力士紀錄」吧！

歷時最長的新年

有一個民族，他們的新年節慶長達 49 天。這也許是世界上歷時最長的節日。

這個民族就是水族。

水族有自己的曆法——水曆，他們的新年就從水曆中推算出來。不過，他們的新年不是叫春節，而是叫「端節」，水語稱為「借瓜」或「借端」。

水族的新年不是從農曆正月初一開始，而是從農曆九月開始的。

▲ 少數民族同胞歡慶新年

水曆

水曆，實際上是一種陰陽合曆，它的編制和農曆一樣，也是把一年分四季，一個季節分三個月，十二個月為一個完整年。

那麼，它又特別在甚麼地方呢？

最大的區別在於，水曆每一年的起始並不是農曆正月，而在農曆九月。這個月水族稱之為「端月」。

水族人認為，在這個季節裏，收割已經基本完成，最忙最累的時候已經過去，人也應該好好地歇一歇，享受享受，以使自己在全面的放鬆之後更好地進入新的生產週期。於是，這個季節便順理成章地成為水族人心目中除舊迎新的開始。

在水語中，春天叫作「勝」，在水曆五月到七月；夏季叫作「權」，在水曆八月至十月間；秋季叫作「旭」，在水曆十一月到端月間；冬季叫作「凍」，在水曆二月至四月間。

水族的過年的含義

你知道過年是甚麼意思嗎？在漢語裏，「年」字表示「穀熟」的意思。穀熟而舉行的慶典，古代稱為過年。但是，在現代漢語中，「年」作「穀熟也」的本義已經消失，而水族的端節以及他們關於「年」的書寫，卻準確地詮釋了「過年」的真正含義。

上畫，表示收割刀具，指代上年度收割期

中橫，表示均分一年為兩季，古水曆只分冬夏季

中豎，表示兩個收割期間隔，指一年稻作週期

下畫，表示收割刀具，指代下年度收割期

▲水族的「年」字

算一算

如果「穀熟」就可以過年，那我們可以過多少個年呢？

每個地方栽種的穀物不一樣，穀物成熟的快慢也不一樣。就以水族栽種的主要穀物——水稻為例，看看下面這些地方的小朋友「可以」過幾次年？

海南：水稻一年三熟，可以過＿次年。
江西：水稻一年兩熟，可以過＿次年。
遼寧：水稻一年一熟，可以過＿次年。

水族的新年怎麼過

水族人的新年歷時這麼長，是如何度過的呢？

祭祀：祭祖是水族過年最重要的活動，分別在除夕夜和大年初一清晨進行。祭品依例禁用除了魚以外的葷食。水族祭祖的魚叫「魚包韭菜」，是將韭菜、栗仁等塞滿魚腹後燉煮或清蒸而成。祭祖之後大家便可食用。

串門：水族的很多支系都生活在相隔較遠的不同地方，平日很難見面。過年的時候，這些水族就按地域分批分期過節，以便相互走訪祝賀。吃年酒必須家家去到，若有一家未去，就是對這戶人家的極大侮辱。

賽馬：水族的賽馬形式非常獨特，叫作「擠馬」。當指揮者一聲號令，騎手揚鞭策馬，在山谷互相衝撞，在混亂中擠出山谷向坡頂衝去，誰先到遠坡頂，誰就是勝者。

水族的過年活動還有鬥牛、舞火龍、搶鴨子、耍水龍……

請你結合上面水族年俗，為水族的小朋友安排過年的活動吧！

請將右上方的小圓點剪下來，貼在你認為合適的時間裏。

● ● ● ●
祭祀 串門 賽馬 其他

時 間	活動安排
第一個星期	
第二個星期	
第三個星期	
第四個星期	
第五個星期	
第六個星期	
第七個星期	

「淋雨」最多的新年

傣族的新年，就是潑水節，即「淋雨」最多的節日。

在潑水節期間，眾多的慶典活動都與水密切相關。人們先到佛寺浴佛，然後相互潑水，用飛濺的水花表示真誠的祝福。

為甚麼傣族會以潑水的方式慶祝新年呢？

在傣族看來，水是生命之源，是最聖潔的東西，可以洗去一切的不幸，把幸福帶給人類。因此，在潑水節那天，誰被潑的水越多，就表明來年他所獲得的幸福越多。

如果你在潑水節期間到傣族地區旅遊，被當地的居民潑了水，千萬不要生氣啊，那是他們對你的節日祝福！

潑水節是傣族的新年，在公曆的 4 月中旬，一般持續 3 ～ 7 天。第一天傣語叫「麥日」，與農曆的除夕相似；第二天傣語叫「惱日」（空日）；第三天是新年，叫「叭網瑪」，意為歲首，人們把這一天視為最美好、最吉祥的日子。

潑水節源於印度，是古婆羅門教的一種儀式，後為佛教所吸收，約在 12 世紀末至 13 世紀初經緬甸隨佛教傳入中國雲南傣族地區。中國的阿昌族、德昂族、布朗族、佤族等都過這一節日。柬埔寨、泰國、緬甸、老撾等國也過潑水節。

▲ 潑水節時潑水敬佛

▲ 潑水節時賽龍舟

潑水節的傳說

　　很早以前，有一個兇惡的魔王，他有各種魔法，落在水裏漂不走，掉在火裏燒不爛，刀砍不壞，槍刺不入，弓箭射不着。他自恃法力過人，傲慢自大，整天橫行霸道，為非作歹。

　　有一年新年，魔王在宮中飲酒作樂。趁着魔王喝醉，被魔王從人間搶來的妻子婻粽布掌握了魔王的弱點，用魔王的頭髮絲勒在魔王的脖子上。魔王的頭立刻就掉到地上，頭上滴下的每一滴血都變成了一團火，熊熊燃燒，而且迅速往人間蔓延。這時，婻粽布趕忙把魔王的頭抱起來，大地上的火焰也就熄滅了，可頭一放下，火又燒起來了。魔王的其他六個妻子也都趕來，她們輪流抱着魔王的頭，這樣火才不再燒起來。

　　後來，婻粽布回到人間，但她仍舊渾身血跡，人們為了洗掉她身上的血跡，紛紛向她潑水。最後，血跡終於洗淨了，婻粽布幸福地生活在人間……

　　婻粽布死後，人們為了紀念她，在每年過年的時候，就相互潑水，用潔淨的水洗去身上的污垢，迎來吉祥的新年。

海拔最高的新年

你知道世界上海拔最高的城市是哪兒嗎？

它就在被稱為「世界屋脊」的青藏高原那裏。

那裏的新年又有怎樣不同的風情呢？

雪域高原的新年叫洛薩節，它採用的是藏曆紀年法，所以也叫藏曆新年。

藏語「洛薩」是新年的意思。洛薩節相當於漢族的春節，是藏族同胞一年中最隆重的傳統節日。寺僧和俗人一樣也歡慶一年一度的藏曆新年。

藏族過年是從藏曆十二月二十九日開始的。家家戶戶要團聚在一起吃「古突」（麪糰肉粥），以此除舊迎新。

有意思的新年食物

切瑪盒：藏曆新年，家家戶戶都做切瑪盒。切瑪盒的漢語意思是「五穀豐收斗」，它是一個精製的斗型木盒，中間用隔板分開，分別盛入炒麥粒和糌粑，插上青稞穗、紅穗花和酥油花，象徵着人壽年豐、吉祥如意。

古突：藏族羣眾新年吃的古突裏摻雜有糌粑疙瘩，這些疙瘩中有的包有小石子、木炭、辣椒、羊毛等物，吃到這些東西，分別意味着在新的一年裏心腸硬（石子）、心裏黑（木炭）、嘴巴硬（辣椒）或心地善良（羊毛）等。

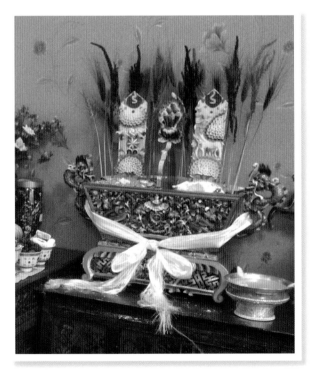

▲ 切瑪盒

「討吉利」的新年活動

新年是除舊迎新的日子，藏族用一系列活動來迎接吉祥的新年。

梳洗打扮：新年的前幾天，不管農區、牧區，老少男子都要剃頭，女子要洗梳髮辮。如男子留長髮過年，女子不洗梳髮辮過年，表示家庭或心中帶有悲痛而無心梳妝打扮之意。而梳洗打扮則表示來年的吉祥如意。

清除雜草：人們要把清除的垃圾雜草運到各自的田間，以備大年初一早晨點燃。在家裏，婦女要備好初一早晨的引火柴，使用時一點即燃，代表新年伊始諸事如意。

清晨打水：大年初一當東方晨曦初露的時候，家中的女人就背上水桶去河邊或水井汲取新年的第一桶水。傳說這時的水最為聖潔、清甜，誰家最先打上吉祥水，在新的一年裏就能免去許多災難。

串門拜年：從初二起，人們開始相互走訪、拜年、請客。手捧吉祥斗祝福的人先是在門外高聲祝福，裏面的人聽到，趕緊捧着切瑪盒出來，互相問候：「扎西德勒彭松措！」（願吉祥如意美滿！）「阿媽巴珠工康桑！」（願女主人健康長壽！）「頂多德瓦吐巴秀！」（願歲歲平安吉利！）「朗央總久擁巴秀！」（願年年這樣歡聚！）

連一連

各族人民的新年吉祥話

很多民族過年都會說一些吉祥的話，比如，藏族人民常說的新年吉祥話有：「扎西德勒」，它表示吉祥如意的意思；「洛薩爾桑」，表示新年好的意思。

請你將下面的民族和它對應吉祥話的連線。

漢族 ●　　　　　　　　　● 亞克西

蒙古族 ●　　　　　　　　● 萬事如意

維吾爾族 ●　　　　　　　● 烏力吉

「新年之最」大聯歡

最驚心動魄的新年

闊時節是傈僳族的新年。

雲南保山地區騰沖縣的傈僳族，會在這時舉行「上刀山、下火海」表演。他們選擇72把鋼刀，先試一試是否鋒利，不鋒利的不要。然後把鋼刀牢牢拴在兩根杆子上，紮成一把「刀梯」，將它豎立在平地上並固定好。經過訓練的赤腳的傈僳族漢子或姑娘腳踏鋼刀，一步一步爬上刀梯頂端，在上面表演各種動作，把杆頂插着的紅旗扔下去。然後又一步一步下來，兩腳絲毫無損。

晚上，他們在地上築起一堆木炭並燒得通紅，赤着腳從木炭上不緊不慢地走過去。

注意！

「上刀山，下火海」的表演是十分危險的，表演者是經過嚴格專業訓練的。小朋友們千萬不可嘗試！

宴席最長的新年

長街宴是哈尼族慶祝新年的一種傳統習俗。節日當天，家家戶戶要做黃糯米、三色蛋、豬、雞、魚、鴨、牛肉乾巴、麂子乾巴、肉鬆、花生米等近四十種食材做成哈尼族風味的菜餚，準備好酒，抬到指定的街心擺起來。每家擺一至兩桌，家家戶戶桌連桌沿街擺，擺成一條七百多米長的長街宴（當地人稱長龍宴或街心酒），這是中國最長的宴席。

長街宴▶

最「火紅」的新年

白節是蒙古族的新年。

蒙古族有在新年祭火的傳統。他們認為，燃燒的火焰象徵着新年幸運吉祥。每家祭火的時間和方式也不同，但一般都在臘月二十三或二十四。戶主帶領家人穿好禮服跪在正門處的墊子上，把用油網包好的羊胸骨奉獻給火神。

有的地方聖火點燃後三天不熄，三天內不許遷場，不許在聖火上取暖。

▼點燃聖火

第二個

春天·生長的禮讚

春天來了，河流解凍，樹枝抽芽，鳥兒清脆啼鳴。

為了播種新的生命，為了歌唱新的生活，少數民族朋友們有各種歡慶春天的節日。哈尼族的「里瑪主」節、壯族的「三月三」歌節、怒族的鮮花節、侗族的鬥牛節、佤族的播種節等，都是春天裏別具一格的民族節日。

布穀鳥飛來

春天到的時候，人們就開始播種。如果播種早了，那麼種子容易凍死；而播種晚了，就錯過了季節，也會影響一年的收成。因此，從哪一天開始進入春天，對於耕作的農民來說，就顯得非常重要了。

相傳古時哈尼族人終年生活在深山老林裏，幾乎與世隔絕，由於不懂農事節令，栽種的莊稼收成不好，終年的辛勞換來的仍然是飢寒交迫、一貧如洗的生活。

布穀鳥

布穀鳥體形大小和鴿子相仿。芒種前後，幾乎晝夜都能聽到布穀鳥洪亮而略帶淒涼的叫聲，叫聲特點是四聲一度——「布穀布穀，布穀布穀！」「快快割麥！快快割麥！」「快快播穀！快快播穀！」所以，俗稱布穀鳥。

關於布穀鳥，還有很多別稱，如杜鵑、杜宇、子規等。你還知道布穀鳥有哪些其他稱謂嗎？

天神為了幫助哈尼族人，派遣布穀鳥從遙遠的天邊飛去，報告春天到來的消息。當布穀鳥飛過大海時，已筋疲力盡，眼看就要掉入大海，突然，海裏出現一條龍尾，龍尾變成一棵大樹，布穀鳥就落到大樹上休息。這樣，牠歷盡千辛萬苦，終於把春天的信息帶到人間。

　　哈尼族人民為了紀念布穀鳥的功勞，舉行慶祝活動，久而久之，就演變成為民族節日——「里瑪主」節。這個節日在每年山茶花盛開的陽春三月舉行。「里瑪主」是哈尼語的音譯，意思是春天的盛況。

　　按照前輩沿襲下來的規矩，多數人聽到布穀鳥的叫聲時，就相約在一起，備辦美味佳餚。用一種大樹的花汁浸泡過的糯米，蒸出噴香金黃的糯米飯，煮好紅鴨蛋，將這些佳餚向布穀鳥虔誠地敬獻。這一天，小伙子和姑娘們則會穿上節日盛裝，會聚在草坪上，一邊歡度一年一度的「里瑪主」節，一邊選擇對象，談情說愛。

選一選

競選春天的使者

哈尼族把布穀鳥選為他們的春天使者。那麼，你心目中的春天使者是甚麼呢？

（1）我心目中的春天使者是：

（2）我選擇它的理由是：

放聲歌唱的日子

春天到來的時候，勤勞的人們不僅忙着耕種，也會在耕種之餘走出家門，用歌聲表達他們對生活的熱愛。

農曆三月三不僅是傳說中王母娘娘開蟠桃盛會的日子，更是壯族、侗族、布依族、畬族、仡佬族等民族唱響節日歡歌的時節。

農曆三月初三的壯鄉，洋溢着濃郁的節日氣息。嘹亮的山歌在漫山遍野中迴盪，精美的繡球在帥哥美女間傳情，勇敢的祖先被無數子孫緬懷……這些都構成了壯鄉「三月三」的動人風景。

「歌仙」劉三姐

「三月三」的活動之一是紀念劉三姐。

劉三姐聰慧機敏，歌聲優美動人。財主莫懷仁想要納劉三姐為妾，可劉三姐不為莫家富貴所動，而與對山歌的阿牛心心相印，莫懷仁因此想要迫害劉三姐。劉三姐不忍鄉親受牽連，毅然從山上跳入小龍潭，一條金色的大鯉魚把她馱住飛上雲霄，到天宮成了「歌仙」。

「傳情」小繡球

「三月三」還是人們傳遞情意的好日子。拋繡球是「三月三」的傳統活動。小小繡球，送給不同的人，代表不同的祝福。

送給情人：壯族男女青年以拋接繡球這種方式傳情達意。繡球作為他們的定情之物，象徵吉祥和永恆的愛情。

送給親朋好友：壯族人也有將繡球作為吉祥物饋贈親朋好友的風俗，每逢佳節或貴賓來臨，好客的主人就會給客人或長輩饋贈繡球，代表吉祥如意。

壯族「圩」文化

「圩」文化是壯族人生命中不可或缺的部分。壯族的「圩」，好比別的民族的「街」「集」「場」「會」等。圩就是很多人聚集在一起熱鬧的意思。

「三月三」期間最主要的活動之一就是趕歌圩，到歌圩去對歌，去會情人。壯族每年都有數次定期的民歌集會，如正月十五、三月三、四月八、八月十五等，而「三月三」最為隆重、熱鬧。

繡球的前世今生

繡球內一般包有豆粟、棉花籽或穀物等農作物種子，這除了使繡球有一定的重量便於拋擲外，更深層的意義是——繡球為吉祥之物。因為壯族是傳統的稻作民族，他們對每年農作物豐收與否十分重視，農作物種子代表着他們對豐收的渴望。

拋繡球從前是青年女子向男子表達愛意的一種方式，現已演變成羣眾性健身運動。拋繡球比賽以六個人為一隊，在一分鐘內，哪隊拋出的繡球穿過立於高杆上的圓環次數多即為勝者。

不少民族類大學裏也有拋繡球比賽，不過形式稍有不同：四個人為一隊，一個人背背簍，站到十米外，其他三個人拋繡球，每人拋三個球，投進多者為勝。

祖先「布洛陀」

「三月三」對於壯族而言，不僅是一個歌唱的節日，而且也是緬懷祖先、祭奠先人的日子。

相傳，「三月三」是壯族祖先布洛陀帶領人們抵抗外族入侵的日子。後人為了紀念祖先功績，每年舊曆三月初三，都會祭拜，以表示對祖先功績的崇敬。

「布洛陀」是壯語的譯音，「布」是對很有威望的老人的尊稱，「洛」是知道、知曉的意思，「陀」是很多、很會創造的意思，「布洛陀」就是指「山裏的頭人」「山裏的老人」或「無事不知曉的老人」等意思。

「三月三，龍拜山」

「三月三，龍拜山」這句話在壯族地區廣為流傳，它源於一個美麗的民間傳說。

相傳，在羅波潭附近住着一個寡婦，她常常到潭裏挑水。有一天，她發現有一條小花蛇游進了她的水桶裏，寡婦好心地把小花蛇放入潭中。誰知連續打了幾桶水，小花蛇仍然留在桶裏不肯走。於是，寡婦便把小花蛇帶回家養在水缸裏。寡婦到地裏幹活時也帶上小花蛇。一天，寡婦在地裏割菜的時候一不小心切斷了在地裏玩耍的小花蛇的尾巴，寡婦不忍將受傷的小花蛇遺棄，又找來草藥敷在牠的傷口上。當這條斷尾的小花蛇傷好了以後，牠就天天跟着這寡婦，彷彿兒女一般。由於寡婦沒有子女，她便認小花蛇做兒子，取名「特掘」（壯語「缺尾」的意思）。

後來，寡婦年老病死了。正當村裏的人提起寡婦無人送終時，天空突然狂風大作，雷電交加，一條斷尾的巨龍出現在村子的上空。巨龍猶如一道金光從天而降，捲起寡婦的遺體送到大明山上安葬。而這條巨龍就是當年寡婦養的那條斷尾的小花蛇。由於特掘葬母的舉動驚動了天上的玉帝，玉帝被他的孝心所感動，特意允許他在每年的農曆三月初三回去拜祭母親。所以每年特掘都要到大明山上去祭拜，於是便有了「三月三，龍拜山」的說法。

請在左圖中找到

節日要素：

鮮花、牛、彩旗

彩旗、對歌與鬥牛節

「鬥牛節」是侗族的傳統節日，在每年農曆二月或八月逢「亥」的日子裏舉行。如果兩頭「牛王」久鬥不分勝負，人們就用大繩拴住兩頭牛的角，像拔河一樣往後拉，解脫牠們的搏鬥，算是平局。如果一方輸了，輸方的彩旗就會被贏方的姑娘們全部奪去，輸方需要通過贖旗禮和對歌的方式才能贖回。得勝的「牛王」被披上紅布，以示祝賀。

鮮花的禮讚

每年的農曆三月十五，是雲南怒族人民最隆重的傳統節日——鮮花節，也叫「仙女節」「乃仍節」。傳說是為了紀念一位英勇不屈的怒族女孩阿茸而設立的。

每到這天，怒族的姑娘們都會採摘各種鮮花戴在頭上。前去仙女洞祭祀的人們，會將紮好的杜鵑花放在祭台上。

第三個
夏天・節日嘉年華

夏天是一個火熱的季節。

夏天裏的節日數不勝數，它熱情奔放、充滿力量。

蒙古族的那達慕、水族的卯節、畬族和毛南族的分龍節、土族的端陽節、普米族的轉山節、納西族的七月騾馬會、苗族的吃新節、鄂溫克族的米闊魯節、苗族和侗族的蘆笙節、京族的哈節、哈尼族的六月節、布依族的四月八、壯族的中元節……

這些共同奏響了夏日民族節日大聚會的樂章。

▲彝族的火把節

草原上的英雄大會

夏日的草原，是力與美交相輝映的舞台。

各路勇士摩拳擦掌，都想成為草原上的英雄。

「那達慕」成了草原英雄們相互切磋的擂台。「那達慕」是蒙古語的譯音，意為「娛樂、遊戲」，表示豐收的喜悅之情。每年農曆六月初四（這是草綠花紅、羊肥馬壯的日子）開始的那達慕，是草原上一年一度的傳統盛會。

▲蒙古族的那達慕大會

英雄大會的前奏

在各路英雄會聚草原，準備大展身手，一比高下之前，有一件重要的事情要做，就是祭敖包。

屆時，蒙古族人民身着盛裝，以煮熟的牛、羊、豬肉為供品，聚集敖包四周。敖包上插着帶有青枝綠葉的柳樹或樺樹枝，以及彩旗、布條等，象徵五穀豐收、六畜興旺。祭祀時，要在敖包四周點香，並向它祭灑白酒和奶酪。祭敖包結束後，隆重的那達慕就可以拉開序幕了！

▲祭敖包

敖包

敖包原來是在遼闊的草原上人們用石頭堆成的道路和境界的標誌，後來逐步演變成祭山神、路神和祈禱豐收、家人幸福平安的象徵。牧人每次經過敖包，都要在敖包上放幾塊石頭；客人每到敖包前，一般都要按蒙古族習俗順時針繞敖包三周，同時心中許願，並在敖包上添加石塊以求心願得償。一般都放3、6、9塊石頭，代表六六大順或吉祥等。

這些石頭不要隨便亂動，它們是幸福平安的象徵▶

19

英雄大會的盛況

在那達慕英雄大會上，你知道各路英雄都要比試甚麼功夫嗎？拳法還是刀法？這些英雄比的既不是拳腳，也不是刀槍。因為蒙古族是一個馬背上的民族，他們長期以來逐水草而居，所以他們比的是力量、速度和準度。摔跤、賽馬、射箭成了英雄們必須掌握的三大本領。

誰是大力士

蒙古式摔跤具有獨特的民族風格。按蒙古族傳統習俗，摔跤運動員不受地區、體重的限制，採用淘汰制，一跤定勝負。

蒙古族摔跤的最大特點是不許抱腿。其規則還有不准打臉，不准突然從背後把人拉倒，不可觸及眼睛和耳朵，不許拉頭髮，不許踢肚子或膝部以上的任何部位。

▲ 蒙古式摔跤

誰是飛毛腿

作為馬背上的民族，蒙古族人對速度的較量有賴於他們的好朋友——馬。

那達慕上的賽馬分為走馬和跑馬。走馬比的是賽馬走得快、穩、美。而跑馬則是比賽馬的速度和耐力。

一般而言，所有的比賽者都騎上賽馬，立於起點。為減輕馬的負重，很多人都不穿馬靴，不備馬鞍。裁判一聲令下，幾十甚至上百匹賽馬同時出發，場面十分壯觀。

在舉行頒獎儀式時，民族歌手會高聲朗誦讚馬詩。讚馬詩的內容豐富多彩，如：描述馬匹的雄俊姿態，介紹調教者、騎手名次和良馬產地，形容在賽跑過程中的種種特點等。

蒙古馬

馬就是蒙古族人的「豪車」。

蒙古馬雖然體形矮小，其貌不揚，但能抵禦西伯利亞暴雪，在極其艱苦的條件下生存。一匹馬能夠載重 600 ～ 700 公斤，用一個半小時走完 10 公里。牠們在戰場上不驚不乍，勇猛無比，歷來是蒙古人最愛用的一種軍馬。

從上圖中，找出右側這匹馬

誰是神射手

　　蒙古族不僅是遊牧民族，而且是狩獵民族。因此，射箭也是蒙古族的看家本領。

　　神射手在草原上享有很高的榮譽。古代勇士名字的後面常加上「篾兒干」「麥爾根」或「莫日根」，就是神箭手的意思。蒙古族的射箭，分騎射和靜射。騎射的馬匹自備，規則是從一個起跑線起跑，沿規定路線跑，賽程中要射三個不同顏色懸掛着的布袋，中者受獎。靜射是站在一定距離外，連射三箭，以中靶環數多少排名次。

　　蒙古式射箭法很特別，拉弓弦的手用大拇指扣弦，箭尾卡在拇指和食指的指窩處。

　　與蒙古式相對應的是地中海式射箭方法。它是目前主流比賽中常使用的方法。

▲ 靜射

走向世界的英雄大會

　　那達慕是我國居住在內蒙古自治區等地的蒙古族、鄂溫克族、達斡爾族等民族人民的盛大節日。2010 年，內蒙古鄂爾多斯舉辦了首屆國際那達慕，吸引了二十多個國家和地區的代表參加。這是千年那達慕歷史上規格最高、規模最大、項目最豐富、影響力最廣泛的一次國際性盛會。那達慕已經成為蒙古族與世界各國交往的重要文化名片。

找一找

　　你能從下邊的國際那達慕大會的會徽中找到英雄大會的三個標誌性活動嗎？

　　除此之外，你還看出了會徽中包含的其他意義嗎？

東方的狂歡節

夏天是一個如火的季節。

火在一些民族中是重要的崇拜對象。

火把節是彝族、白族、納西族、基諾族、拉祜族等民族古老而重要的傳統節日，蜚聲海內外，被稱為「東方的狂歡節」。

不同的民族舉行火把節的時間也不同，大多是在農曆的六月二十四。

節慶期間，各族男女青年點燃松木製成的火把，到村寨田間活動，邊走邊把松香撒向火把，照天祈年、除穢求吉；或唱歌、跳舞、賽馬、鬥牛、摔跤；或舉行盛大的篝火晚會，徹夜狂歡。

火把節的傳說

彝族先民一直過着幸福的生活。突然有一天，天神恩梯古茲生氣了，派了大批蝗蟲、螟蟲來吃地上的莊稼。人們嘗試了很多方法，都不能把這些害蟲殺死。彝族青年阿體拉巴便在舊曆六月二十四那一晚，砍來許多松樹枝、野蒿枝紮成火把，率領人們點燃，到田裏去燒蟲，終於戰勝了蟲災，保住了莊稼。從此，彝族人民便把這天定為火把節。每年到了這一天，人們便燃起火把，紀念先人，慶祝勝利。

火把節裏的「三把火」

「火把節」慶祝共三天：第一天，迎火；第二天，讚火；第三天，送火。

迎火：這一天，村村寨寨都會宰羊殺豬，以酒肉迎接火神。

夜幕降臨時，鄰近村寨的人們會在老人選定的地點搭建祭台，以傳統方式擊打燧石點燃聖火，由畢摩（祭司）誦經祭火。然後，家家戶戶大人小孩都會從老人手裏接過用蒿稈紮成的火把，先照遍屋裏的每個角落，再從田邊地角漫山遍野地走過來，以期用火光來驅除病魔災難。

讚火：這一天是火把節的高潮。天剛亮，男女老少都穿上節日的盛裝，帶上煮熟的坨坨肉、蕎饃，聚集在祭台聖火下，參加各式各樣的傳統節日活動。

其中最重要的活動就是彝家的選美。年長的人們按照傳說中阿體拉巴勤勞勇敢、英俊瀟灑的形象選出美男子，傳說中阿什嫫善良聰慧、美麗大方的標準選出女子。

當傍晚來臨的時候，成千上萬的火把，形成一條條火龍，從四面八方擁向同一個地方，最後形成無數的篝火，映紅天空。人們圍着篝火盡情地跳啊唱啊，一直鬧到深夜。

送火：這天夜幕降臨時，祭過火神吃完晚飯，人們手持火把，走到約定的地方，舉行送火儀式，唸經祈禱火神，祈求祖先和菩薩賜給子孫安康和幸福，賜給人間豐收和歡樂。

人們舞着火把唸唱祝詞：「燒死瘟疫，燒死飢餓，燒死病魔，燒出安樂豐收年」，祈求家宅平安、六畜興旺。這時大家還要帶着第一天宰殺雞的雞翅、雞毛等一起焚燒，象徵邪惡和病魔的瘟神也隨之焚毀。同時還要找一塊較大的石頭，把點燃的火把、雞毛等一起壓在石頭下面，寓意壓住魔鬼，確保家族人丁興旺、五穀豐登、牛羊肥壯。最後，山上山下各村各寨游龍似的火把聚在一起，燃成一堆大篝火，以示眾人團結一心，共同防禦自然災害。

夏日大聚會

請在下面的年畫中找到節日要素：

亭子、牛、蘆笙、山

夏天就是一個盛大的節日聚會。

參加這場節日盛會的民族很多，他們的慶祝活動也各具特色。

京族「樂哈哈」

京族最隆重的傳統節日是「哈節」，也叫「唱哈節」。

京語「哈」的意思是唱歌，「哈節」也就是「歌節」。在京族地區，每個村寨都建有哈亭。過「哈節」時，要請「哈妹」（歌手）在哈亭內演唱「哈歌」，非常熱鬧。

毛南族「牛哄哄」

分龍節是毛南族祈神保佑豐收的傳統節日。「納牛」是分龍節不可或缺的儀式。按照習俗，在過節的前一天，毛南族羣眾要「椎殺」一頭公牛，用牛頭、牛尾、牛腳、牛內臟祭祀三界公爺，以獲得「牛氣」和福氣。

苗族「蘆笙響」

蘆笙節是苗族、侗族地區最普遍、最盛大的傳統節日，以蘆笙踩堂、賽蘆笙為主要活動。蘆笙會時，人們圍成一個個圓圈跳蘆笙舞，小伙子們在圈內捧着長長短短的蘆笙邊吹邊跳，姑娘們踏着笙歌的節奏翩翩起舞。

普米族「轉山忙」

在普米族的傳說中，每年農曆七月十五，各地的山神都要集中到一個叫「甲雙巴拉」的山神那兒去打賭。如果哪個地方的山神賭贏，哪個地方的百姓就會豐衣足食；如果賭輸，這個地方的村寨就不得安寧了。為使本地山神能夠取勝，當日一大早人們就上山燒香磕頭，護送山神去打賭，祝賀山神凱旋。

秋天·豐收的時節

　　秋果香，秋魚肥，稻穀熟，人歡喜。

　　秋天，是收穫的季節，不同民族都有各自慶祝豐收的節日，如：苗族的趕秋節，白族的漁潭會，佤族的新米節，毛南族的南瓜節，高山族的收穫節，水族的借額節，仡佬族、阿昌族、普米族、瑤族的嘗新節等。

▼南瓜節

▼收穫節

鞦韆是個「大眾情人」，無論男女老少，都十分喜愛它。

通常情況下，一個鞦韆只能承載一個人或兩個人。但如果你在趕秋節來到苗寨，就能夠看到鞦韆的升級版——八人鞦韆。

每當立秋時，苗族人民便停止幹農活，穿上盛裝，結伴成羣，歡聚在傳統的秋坡上，盪起八人鞦韆。

八人鞦韆是湘西花垣、鳳凰、吉首、瀘溪等地苗族人民的傳統節日——趕秋節中最精彩的節目。

八人鞦韆，擠不擠？

一聽到「八人鞦韆」，你是不是以為是八個人在鞦韆上疊羅漢？其實，八人鞦韆一點也不擠。鞦韆共設有八個座位，每個座位可以坐一至二人，所以，雖然名為八人鞦韆，但它最多可以坐十六人。

八人鞦韆相傳是一位叫巴貴達惹的苗族青年設計的。一天，巴貴達惹彎弓搭箭射落一隻山鷹，這隻山鷹鷹爪上有一隻繡有「鯉魚戲水」的花鞋，繡工精巧。為了找到這位心靈手巧的姑娘，他便精心設計了八人鞦韆，邀請百里苗寨的青年男女在趕秋節時對歌盪鞦韆。果然，趕秋會上有位姑娘，所穿繡花鞋與鷹爪上的鞋一模一樣。於是二人對歌，結成了百年之好。

腳踩刀刃，怕不怕？

趕秋節上還有另外一項精彩的傳統節目——上刀山。

上刀山，又叫爬刀梯，是在木梯上安裝鋒利的刀子作為梯級，表演者赤腳踏在利刃上蹬上蹬下，腳底的肌膚竟絲毫無損。

苗族為甚麼要表演這麼危險的節目呢？

傳說，在很久以前，苗山出現了一個妖怪，弄得民不聊生。一位叫石巴貴的青年，自告奮勇帶了三十六把鋼刀來到一座高山上，將刀一把一把地由下而上插在一株大樹上，插一把上升一步。插到最後一把，登上樹梢後，舞動手中的降妖鞭，吹響牛角，高呼要與妖怪決一死戰。跟隨他上山的百姓則在樹下點燃鞭炮和鐵銃，敲起鑼鼓。妖怪見此情景只好逃之夭夭。為了紀念石巴貴為民除害的精神，爬刀梯的活動便在苗族的趕秋節中流傳下來。

注意！

爬刀梯的活動十分危險，沒有經過訓練的我們，不能輕易嘗試！上刀梯者，必須有膽識、技巧和武功。他們在上刀梯之前，還需要運氣至湧泉穴和勞宮穴。

秋公與秋婆

趕秋節的活動如此吸引人，那麼，苗族的趕秋節是怎麼來的呢？

他們是為了紀念神農祖先——秋公與秋婆。傳說在遠古時代，苗族先祖神農，派一男一女去東方取穀種，教苗民種植，使人們有五穀食用。

趕秋節就是苗族對神農及秋公、秋婆表示感恩而舉行的民間節日活動。趕秋節反映了苗族人民對五穀豐收、六畜興旺與幸福的追求。

五穀

秋公與秋婆幫苗族取穀種，所以被人們所紀念。你認識五穀嗎？你是常言所說的「四體不勤，五穀不分」的小朋友嗎？

「穀」是指有殼的糧食。「五穀」一般指稻、黍、稷、麥、菽。

請你結合下面對五穀的介紹，找出相應的穀物。

稻：俗稱水稻、大米。

黍：俗稱黃米。

稷：又稱粟，俗稱小米。

麥：俗稱小麥。

菽：俗稱大豆。

南瓜選美秀

農曆九月初九，是漢族的重陽節，也是毛南族的南瓜節。

節日當天，各家把收穫的形狀各異的橘黃色大南瓜擺滿樓板。年輕人走門串戶，到各家評選「南瓜王」。「南瓜王」選出來後，主人切開它並掏出瓜瓤，把飽滿的籽留下來做下一年的種子，然後把瓜切成塊，放進鍋裏與小米文火煨燉，煮得爛熟，先盛一碗供在香火台上，最後大家同享。

我們不能像毛南族那樣收集那麼多的南瓜，來選出南瓜王。那我們就製作一個南瓜燈來體驗南瓜節的快樂吧！

第一步：買一個南瓜，大小肥瘦取決於你想要的造型。

第二步：給南瓜畫上眼睛、鼻子、嘴巴。

第三步：在南瓜頂上挖一個拳頭大小的洞。挖出來的蓋子要留好。

第四步：用大湯勺把南瓜內部刮乾淨。

第五步：按照畫好的圖案雕刻南瓜。

第六步：把蠟燭放在一個小盤子上，把盤子放入南瓜中。

第七步：點上蠟燭，蓋上蓋子，你就可以提着南瓜燈出門啦！

▲ 高山族民居內景

收割的集結號——收穫節

　　「收穫節」又稱「豐收節」，是台灣高山族布農人的節日。布農人的主食為小米，收穫節於小米成熟時的農曆十月舉行。節日前一天，各家各戶去自家的小米地摘下兩根粟穗，送到村社的司祭家，由其存入公共的糧倉中，待第二年播種時領回播種。節日當天，司祭家殺豬並煮新米飯招待各家家長。當天晚上，各戶殺豬煮新米飯吃。吃了新米飯，才可以全面開鐮收割。

漁具的交易會——漁潭會

　　每年農曆八月十五至二十一，雲南省洱源縣漁潭坡都會舉行漁潭會。

　　相傳，唐朝時漁潭坡中的紅魚精經常到洱海中興風作浪，使得當地漁民苦不堪言。最後，由觀音收服了紅魚精，並准許它每年農曆八月十五出洞活動一次。但為了防止魚精再次鬧事，觀音讓當地漁民在紅魚精出洞這天在漁潭坡上趕會，交易捕魚網具和漁叉。紅魚精出洞時，看到熙熙攘攘的漁民們在交易捕魚網具時，又退回洞中，不敢出洞。

　　一開始，漁潭會交易的商品主要是漁具。後來，白族人民逐漸將其發展為農貿物資交流會。

　　大理地區白族人民的婚禮多在每年秋收後舉行，漁潭會剛好在秋收前舉辦，凡要嫁娶的人家都要到漁潭會備辦結婚用品，故漁潭會又稱「嫁妝會」。

冬天・守望的季節

經歷了豐收的秋天，人們開始陸陸續續地把食物儲存起來，用來度過寒冷的冬季。

冬季，是人們養精蓄銳，準備迎接春天的時節。

冬天，也有不少少數民族自己的節慶，如獨龍族的卡秋哇、瑤族的盤王節、土家族的趕年節、侗族的侗年、普米族的大十五節等。

▲ 瑤族的盤王節

▲ 侗族的侗年

最「珍貴」的節日

最珍貴的節日，也許是獨龍族的卡秋哇。

之所以說獨龍族的卡秋哇「珍貴」，不是因為它耗費了大量人力物力，而是因為它是這個民族在一年裏唯一的節日。物以稀為貴，這樣看來，獨龍族的卡秋哇確實十分的珍貴！

既然一年只有一個節日，那麼，就儘量把這個節日過長一點？

但是，卡秋哇的長短主要是由準備的食物的多少而決定的。如果食物比較充裕，那麼，就可以過長一點。但是，如果食物比較少，那麼這個節日就會過得相對短一點。一般來說，這個節日會持續兩至五天。

今年收成不好，只能少過幾天節了。

豐收啦！可以多過幾天節啦！

獨龍族

獨龍族是我國一個人口十分稀少的少數民族。人口約 7000 人 (據 2010 年人口普查數據)，主要分佈在雲南怒江州貢山獨龍族怒族自治縣。

獨龍族有自己的語言，無文字，過去多靠刻木結繩記事來傳遞信息。

古老的「請柬」

卡秋哇這個節日沒有固定的日期，各家各族自由選擇好吉日，就開始過節，一般是定在農曆的臘月。

選定過節的吉日後，各家都邀請親友一起來過年。他們在特製的木條上刻上缺口，這就是「請柬」，派人送往邀請的村寨。木條上刻了幾個缺口，就表示再過幾天後就要舉行節日。

原始的「剽牛宴」

祭山神、射面獸、走親訪友和歌舞會等多種娛樂方式都是卡秋哇裏最常見的活動，其中最隆重、最歡樂的是「剽牛宴」。

兩名勇敢的剽牛士每人喝三碗米酒，雄赳赳地走出人羣，手持長矛猛地向牛的兩肋刺去。牛大跌大撞，觀眾則圍成一個大圓圈為勇士吶喊助威，並做出驅趕野獸的舞蹈動作。牛愈是跌跌撞撞，場上的情緒愈是激烈。幾刺之後，牛撲倒在地，人羣也發出勝利的歡呼。兩位剽牛者割去牛頭，大夥當場解剖牛肉、煮熟，分給在場的每一位觀眾。眾人邊吃邊喝，載歌載舞，剽牛宴漸漸達到高潮……

剽牛舞會是古代狩獵生活的縮影，也是捕獵歸來，慶祝勝利的儀式。

最「心急」的節日

土家族的新年別出心裁，比漢族的春節早一天，因此叫作「趕年節」。

為甚麼土家族這麼急不可待地提前一天過年呢？

相傳，明代嘉靖年間，春節將至，朝廷傳來聖旨，急調土司地區土兵赴蘇淞協剿倭寇。為保證及時奔赴前線，土家人提前吃了年關飯為戰士送行。由於吃飯的人多，所以用甑子蒸飯。

為紀念祖先保家衛國的功績，土家人就把戰士出行的這一天當作他們的新年來慶祝，而且不管家庭人多人少，家家戶戶都有用甑子蒸飯的習俗。所以，土家族的新年總是比春節早一天，稱為「趕年節」。

不要以為土家人着急着提前一天過年，他們的新年就少過一天。其實，過完趕年節後，他們還是繼續過除夕和新年。

▲ 擺手舞

跳一跳，擺手舞

擺手舞是土家族趕年節的一項重要的祭祀舞蹈活動，主要反映土家族的生產生活。

狩獵舞：表現狩獵活動和模擬禽獸活動姿態，主要有趕猴子、拖野雞尾巴、犀牛看月、跳蛤蟆等十多個動作。

農事舞：主要表現土家族的農事活動，有挖土、撒種、紡棉花、織布、挽麻蛇、插秧、種苞穀等。

生活舞：主要有掃地、打蚊子、打粑粑、水牛打架、抖跳蚤、擦背等十多種。

嚐一嚐，美味的土家粑粑

土家族流行「臘月二十八，打粑粑」習俗。在這一天，土寨都會邀上附近的幾家鄰居來一起打粑粑。因為在土家風俗中，打粑粑一般不單獨進行，要幾家人聚在一起才喜慶和熱鬧。此外，人多分工可以更細，效率也更高。

土家族就將打好的粑粑用於過年時招待登門的客人，或者當作拜年時的禮物。

▲ 打粑粑

粑粑怎麼吃？

粑粑，有純糯米做的，有小米做的，也有糯米與小米拌和做的，還有苞米與糯米拌和打成的。

粑粑的吃法有很多種：用炭火烤，叫烤粑粑；用青菜湯下粑粑片，叫煮粑粑；與臘肉炒，叫炒粑粑。

粑粑做得多，一時吃不完怎麼辦呢？把它放到水缸中用清水浸泡，這樣可以儲藏兩至三個月都不壞。

▲ 洋芋粑粑炒臘肉

▲ 烤粑粑

最有「涼意」的節日

　　侗年是侗族的傳統節日。各地侗族過侗年的時間先後不一，但多在農曆十一月初一至十一間舉行。

　　節日前一天備豆腐、魚蝦，當晚用酸水煮熟，經一夜冷卻成「凍菜」，節日當天便以「凍菜」祭祀祖先。

　　節日期間，各家或殺豬宰羊，或殺雞殺鴨，請客訪友，宴飲作樂。

寒食節

　　除了侗族的侗年，還有一個節日也吃冷食。這就是漢族的寒食節。

　　但是寒食節通常是冬至後第 105 日，與清明節日期相近。

　　一首唐詩很好地介紹了寒食節的由來：

　　　　之推言避世，山火遂焚身。

　　　　四海同寒食，千秋為一人。

　　這首詩講了一個這樣的故事：春秋時期，一個名為介子推的人與晉文公一起流亡列國。在饑荒時，介子推曾經將自己大腿上的肉割下，熬成肉湯給晉文公吃。當晉文公成功復國準備獎賞功臣的時候，介子推卻不求功名，與母親歸隱山林。晉文公為了逼介子推出來做官，下令放火燒山。結果介子推與母親抱樹而死。晉文公十分惋惜和悲痛，下令在燒死介子推這天嚴禁煙火並只能吃冷食。

民族節日大盤點

好了，日曆終於翻完了，我們已經知道了許多精彩的民族節日。

知道了這麼多民族節日，聰明的你，一定發現了許多有趣的話題吧。讓我們來總結一下！

節日的傳說

(1) 傳說中「打怪獸」的節日

(2) 傳說中「誇英雄」的節日

(3) 還有哪些不同的節日傳說？

節日的活動

(1) 喜歡唱歌跳舞的節日

(2) 喜歡舉行體育競賽的節日

(3) 還有哪些不同的慶祝活動？

節日的食物

(1) 民族節日中具有代表性的食物是甚麼？

(2) 這些食物為甚麼會成為節日的代表？

我的家在中國・民族之旅⑥

時光火車上的
民族盛典 | 民族節日

檀傳寶◎主編　班建武◎編著

責任編輯：鍾昕恩
裝幀設計：龐雅美
排　版：張詠心　鄧佩儀
印　務：劉漢舉

出版 / 中華教育

香港北角英皇道 499 號北角工業大廈 1 樓 B
電話：（852）2137 2338
傳真：（852）2713 8202
電子郵件：info@chunghwabook.com.hk
網址：https://www.chunghwabook.com.hk/

發行 / 香港聯合書刊物流有限公司

香港新界荃灣德士古道 220-248 號
荃灣工業中心 16 樓
電話：（852）2150 2100
傳真：（852）2407 3062
電子郵件：info@suplogistics.com.hk

印刷 / 美雅印刷製本有限公司

香港觀塘榮業街 6 號
海濱工業大廈 4 樓 A 室

版次 / 2021 年 3 月第 1 版第 1 次印刷
©2021 中華教育

規格 / 16 開（265 mm × 210 mm）